安全连着你我他

合乎规范防漏电

中国电力科学研究院有限公司
国家电网反窃电技术研究中心 组编

中国电力出版社
CHINA ELECTRIC POWER PRESS

内容提要

随着社会经济的发展和电力科学技术的进步，安全用电知识也在不断更新，普及公众安全用电知识、提高公众用电安全意识，须与时俱进、常抓不懈。

本书是丛书《安全连着你我他》的一个分册，主要介绍了漏电的概念、室内防漏电、室外防漏电、新能源设施防漏电，以及漏电保护器知识。

本书以图文并茂的形式、通俗易懂的文字、丰富实用的内容，为公众解读了漏电防护的相关知识。本书可供社区居民借鉴使用，也可以作为中小学生开展安全知识普及宣传用书。

图书在版编目（CIP）数据

安全连着你我他．合乎规范防漏电 / 中国电力科学研究院有限公司，国家电网反窃电技术研究中心组编．— 北京：中国电力出版社，2024.6

ISBN 978-7-5198-8879-4

Ⅰ．①安…　Ⅱ．①中… ②国…　Ⅲ．①安全用电 – 普及读物　Ⅳ．① TM-49

中国国家版本馆 CIP 数据核字（2024）第 089674 号

出版发行：中国电力出版社
地　　址：北京市东城区北京站西街 19 号（邮政编码 100005）
网　　址：http://www.cepp.sgcc.com.cn
责任编辑：崔素媛（010-63412392）
责任校对：黄　蓓　朱丽芳
装帧设计：赵丽媛
责任印制：杨晓东

印　　刷：三河市万龙印装有限公司
版　　次：2024 年 6 月第一版
印　　次：2024 年 6 月北京第一次印刷
开　　本：710 毫米 ×1000 毫米　16 开本
印　　张：2.75
字　　数：30 千字
定　　价：25.00 元

编委会

前　言

电能是企业生产、社会生活使用最为广泛的能源之一，给人们生产生活带来了便捷，同时用电安全也关乎着经济社会的发展和人民群众生命财产的安全。近年来，随着新能源汽车充电、分布式光伏发电等新兴用电场景不断涌现，潜在的用电安全风险愈发不容忽视，广大公众对用电安全知识的渴求与日俱增，因此亟需开展高质量的用电安全科普工作帮助公众提升用电安全意识，构筑全社会共治共享的安全用电环境。

《安全连着你我他》科普丛书讲述的是与人们生活息息相关的用电安全常识和科学防护措施。本书通过生动有趣的卡通形象和直观易懂的讲述，旨在提高读者的阅读兴趣，使得科普知识更易被吸收和理解，用电安全指导更加可行和有效。

本科普丛书由中国电力科学研究院有限公司/国家电网反窃电技术研究中心、中国电机工程学会供用电安全技术专委会联合众多科研专家及一线工作人员共同编写，编写团队具有丰富的科学研究和现场检查经验及隐患分析能力，具备良好的科普作品编写基础。同时，国网重庆电力、国网浙江电力、国网安徽电力、国网四川电力、国网福建电力、国网江苏电力、国网北京电力、国网上海电力、国网河南电力、北京合众伟奇科技股份有限公司等多家单位的专家提供了宝贵资料和技术支持，湖南大学、华北电力大学、西安交通大学等高校教授给出了专业的指导建议以确保内容的可靠性并富含教育意义，国家电网有限公司营销部对丛书出版给予了大力支持，在此一并表示感谢。

本分册围绕漏电安全防护主题，对漏电的基本概念、漏电原因、漏电检测方法、漏电防治措施等安全防护知识内容进行了科学、全面、系统地介绍，反映了各类场景下漏电防护的重要性，本书语言通俗、图解清晰、实用性强，展现了预防漏电的安全知识体系，增强了读者对漏电防护的认识，具有很强的可读性、针对性和指导性。

目　录

一、初识漏电

什么是漏电?

在日常生活中，当传输电能的线路某处因为某种原因（自然原因或人为原因，如风吹雨打、潮湿、老化、碰压、划破、摩擦、腐蚀等）使电线或支架材料的绝缘能力下降，导致电线与电线之间、电线与大地之间有一部分电流通过，这种现象就是漏电。漏电会造成电能的浪费，降低设备的性能和寿命，甚至引发触电、火灾等严重的后果。

为什么会发生漏电?

◎ 负荷过大易漏电

插板或线路上用电器较多，负荷过大，超过了设备的承载能力，可能会导致电线、设备发热，绝缘层破损，产生漏电。

◎ 操作不当易漏电

工作人员在安装、维护过程中操作不当，如设备连接不牢、封堵不严、接线嘴压板不紧、接头松动等，可能会产生漏电。此外，居民未按照规定和操作手册进行操作，也可能导致设备运行不稳定，引发漏电。

◎ 线路老化易漏电

电线在长期使用过程中，因线路老化绝缘致性能下降，从而产生漏电。另外，电线接头、开关等部件的磨损，也可能导致接触不良，引发漏电。

◎ 劣质产品易漏电

购买假冒伪劣电器产品或者相关产品未经过相关机构检验合格，因生产工艺及材料质量不达标，在使用过程中可能会产生漏电。

◎ 环境变化易漏电

因高温、湿度低、化学腐蚀、阳光直射等环境因素，导致设备绝缘层破损，引发漏电。此外，电气设备因绝缘受潮或进水也可能导致设备损坏，产生漏电。

漏电的危害

◎ 危及人身安全

人体也可以看成一个电阻，阻值约 2000 欧姆，一般来说身体干燥、体形瘦高的人，其电阻值会更大一些。当人体直接触电时，电源经人体与大地构成回路，电流可直接通过人体的内部器官，导致人的循环、呼吸和中枢神经系统机能紊乱，或因电流的热效应、化学效应和机械效应导致人体受电流击伤。触电带来的伤害比较严重时，危及生命安全。

知识链接

电流对人体造成伤害的主要类型

电击：电流通过人体后，身体组织受到刺激，肌肉不由自动发生痉挛性收缩造成的伤害，主要是破坏人体心脏、肺部及脑部神经系统的正常功能。

电伤：电流的热效应、化学效应和机械效应对人体的伤害。热效应伤害指电流产生的高温导致皮肤和组织烧伤；化学效应伤害指电流氧化还原反应和电离反应，导致蛋白质损伤，人体细胞无法正常运作；机械效应伤害指电流通过人体时由于中枢神经坏死和肌肉强烈收缩造成的机体组织断裂等伤害。

电磁场伤害：指在高频磁场的作用下，人会出现头晕、乏力、记忆力减退、失眠、多梦等神经系统的症状。

知识链接

身体对电流大小的感知

感应电流：引起人的感觉的最小电流。电流值为 1 毫安（男子 1.1 毫安，女子 0.7 毫安）时，人体就可以感觉电流接触部位有轻微的麻痹、刺痛感。

摆脱电流：人触电后能自行摆脱的最大电流。电流值不超过 10 毫安时，不会对人体造成伤害，可自行摆脱。

致命电流：人触电后较短时间危及生命的电流。当电流达到 50 毫安时，如果通过人体 1 秒，便足以使人致命，造成严重伤害事故。

◎ 损坏设备性能

设备的绝缘性能会随着时间和使用而下降，如果不及时检查和维护，就可能发生漏电。漏电会导致设备内部元件老化、变形、损坏，同时会使设备的功率下降、效率降低，影响设备的正常工作和使用寿命，甚至造成设备的烧毁或爆炸。我们要定期对用电设备进行检查和维护，及时更换老化或损坏的部件。

◎ 引发火灾事故

线路或设备在工作时会产生一定的热量，热量增加超过线路或设备的承受范围，会损害线路或设备的绝缘层，这样就可能引起线路或设备的着火或爆炸，从而引发火灾事故。火灾事故不仅会损坏线路或设备本身，还会波及周围的其他物品和人员。

◎ 造成电能浪费

漏电会导致部分电流没有被用电设备有效利用，导致电能的损耗增加。如果长时间存在较大的泄漏电流，会徒增许多无用的电费。尤其是在阶梯电价的基础上，若因为漏电导致用电量挡位上升，电费就会白白增加很多。

知识链接

阶梯电价

阶梯电价是把户均用电量设置为若干个阶梯分段或分档定价计算费用，以提高能源效率，并通过分段电量实现细分市场的差别定价，达到节能的目的。

◎ 漏电检查小知识

电通过电线传输发生漏电时，虽然我们看不见，但是也可以通过仪器检测出来。

触电急救方法和注意要点

若有人触电，应立即使触电者脱离电源，并采取急救措施。

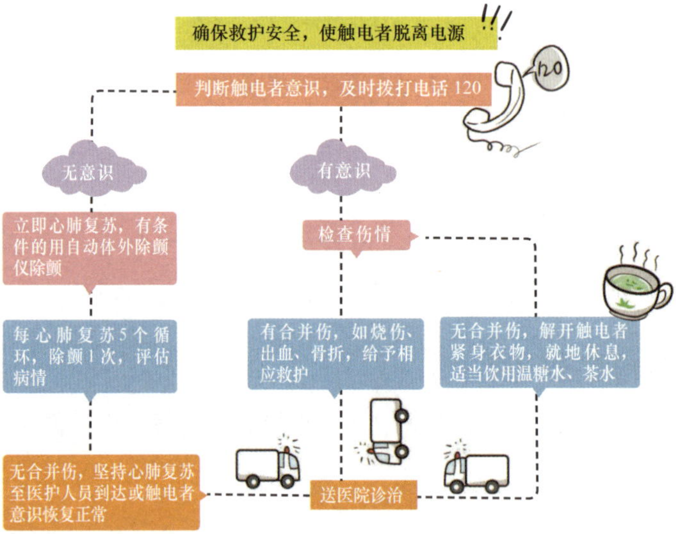

触电急救流程图

触电急救注意要点如下：

（1）动作一定要快，尽量缩短触电者的带电时间。

（2）切不可用手、金属和潮湿的导电物体直接触碰触电者的身体或与触电者接触的电线，以免造成抢救人员自身触电。

（3）脱离电源的动作要力量适当，防止因用力过猛使带电电线击伤在场的其他人员。

（4）帮助触电者脱离电源时，应注意防止触电者摔伤。

（5）进行人工呼吸或胸外按压抢救时，不得轻易中断。

勿用导电物体触碰触电者

以上就是触电急救的基本知识及预防措施，我们每个人都应该学习了解，这样身边如果有人触电，就可以及时应对。

二、室内防漏电

家装布线要重视

在家庭装修施工中，电线布置属于隐蔽工程，安装后很难改动，在前期规划及施工中要考虑周全。以下三点要注意：

◎ 家庭布线要专业

家庭装修布线时要选择专业的安装队伍，确保家庭线路布局规范合理，使用寿命达到国家标准。电缆接头、设备接口处安装稳固，导线接头处要包扎牢固，防止接触不良发生漏电现象。

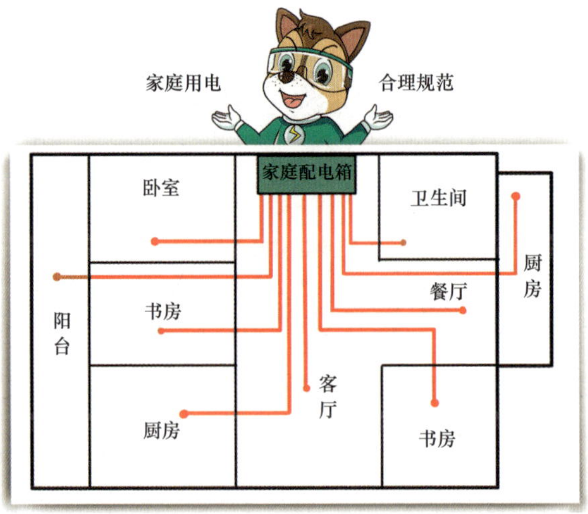

◎ **大功率电器独立布线**

冰箱、空调、取暖器等大功率电器应独立布线，避免线路超负荷造成线路绝缘损坏发生漏电。

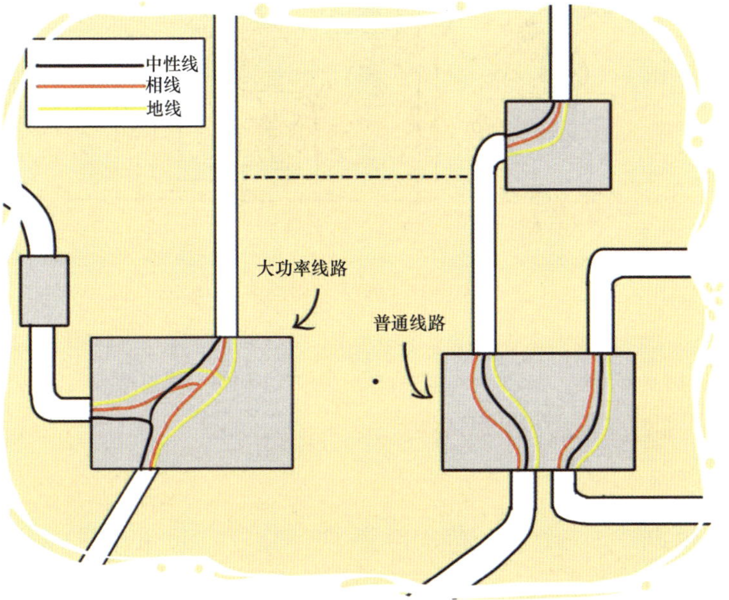

大功率电器独立布线

◎ **确保接地保护可靠**

接地保护线是一种安全装置，用于保护人们在使用电器设备时不会因为电器故障而遭受电击。它通过创建一个安全的路径，将电器出现问题时泄漏的电流从电器设备导向地面，从而减少触电的风险。因此，我们需要确保这条接地保护线被正确安装且性能符合标准，这样在需要的时候它才能有效地保护我们。

正确安装接地保护线

避免事故靠漏保

漏保是漏电保护器（剩余电流动作保护器）的简称，是一种常见的家庭电气安全设备，主要的功能是监测家中是否存在漏电，起到保护作用。如果电线破损、家用电器漏电，漏电保护器就会动作，快速切断电源，防止发生人身伤害事故。同时，漏电保护器还能防止家用电器的电流过大或电线短路引发火灾事故。因此，城市供电楼宇的每个家庭都安装了漏电保护器，预防事故的发生。自建的房屋也必须安装漏电保护器。

◎ 漏电保护器选用有讲究

漏电保护器有不同大小的容量规格，安装使用应根据家中实际电器设备总容量，选用不同规格的漏电保护器。常用的家庭用漏电保护器，额定容量规格有 6、10、16、20、25、32、40、50、63、80A 不等。另外要注意所选用的容量规格必须与户外电表后的空气开关容量相匹配，所选容量规格应小于电表后的空气开关容量，避免家中实际工作电流过大或电线短路时发生越级跳闸。

◎ 漏电保护器上按钮要分清

漏电保护器面板右上角标有“T”的按钮是试验按钮。按下该按钮，可检测漏电保护器是否正常工作。如果按下后立即跳闸，说明可以正常工作起保护作用；如果按下后不能跳闸，说明漏电保护器有故障，不能起保护作用，应找专业人员检查并及时更换。

漏电保护器面板下方的方形按钮是复位按钮。当有漏电等故障发生时，复位按钮会自动弹出。当复位按钮弹出后，再次合闸时需要按下复位按钮，否则无法正常合闸。

如果需要临时断电，人为手动去分闸时，复位按钮不会弹出，可以用于区别究竟是人工分闸，还是自动跳闸。

漏电保护器保安全

知识链接

为什么要定期去按一次漏电保护器试验按钮?

漏电保护器由各种电子元器件组成，有一定的工作年限，投入运行后可能会因元器件故障等原因导致不能正常工作。一般每月按一次试验按钮，可以检查漏电保护器是否能够正常使用。相对老旧、潮湿房子更要注意定期按压试验。如果按压试验按钮后不能跳闸，说明漏电保护器不能正常工作了，要及时更换新的漏电保护器！

◎ 漏电保护器正确安装很重要

漏电保护器安装应由合格的专业人员实施，必须正确安装接线，如果安装不正确就不能起到保护作用。一般漏电保护器面板上都会标注电源侧接线端子和用电负荷侧接线端子，从外部电源进来的电线必须接电源侧端子，接在漏电保护器的上端；下端的负荷侧接线端子连接室内用电线路，如果接反就不能起保护作用。

家用单相漏电保护器接线端子分别接相线和中性线，如果家中配电箱内分设中性线和保护接地线（黄绿双色 PE 线）时，一定要注意不能误把保护接地线当中性线接入。新安装的漏电保护器，应操作按压标有“T”的试验按钮，确认能够正常跳闸后，才能投入正常使用。

◎ 漏电保护器跳闸后该怎么办?

家中漏电保护器跳闸后，应及时查明原因。跳闸分正常保护跳闸和异常跳闸两种情况。正常保护跳闸，是在家中用电设备发生漏电或电线绝缘破损等情况下，漏电保护器自动切断电源，保护人身和设备安全。异常跳闸是漏电保护器因为自身故障或安装质量问题引起的不正常跳闸，此时线路和设备上并无漏电情况。不论哪种跳闸，都应联系专业维修人员查明原因，消除漏电隐患或更换新的漏电保护器，切不可自行拆除漏电保护器，直接连通导线。

知识链接

空气开关能够替代漏电保护器吗?

空气开关不能替代漏电保护器。空气开关和漏电保护器都具有保护功能,但保护作用有差异。空气开关在线路发生短路(俗称碰线)或者过载时,会将电源断开,主要保护线路和用电设备;而漏电保护器在发生人身触电或设备漏电时，会将电源快速切断，保护人身安全。区别在于空气开关主要保护线路和用电设备，漏电保护器主要保护人身安全，同时也有过载保护的功能，所以两者结合使用，安全效果更佳。目前市面上较为普遍的是带漏电保护功能的空气开关。

合格产品看认证

选购家用电器，应到正规渠道购买，认准安全标志标识、出厂证明和检验合格标志，购买质量过关的电器产品，同时注意索要发票。购买后要认真阅读产品说明书，注意家用电器的使用电压和功率应不超过家庭电源插座、电能表和导线的允许负荷。

3C 认证标志

知识链接

3C 认证

3C 标志并不是质量标志，它是一种最基础的安全认证。3C 认证的全称为“中国强制性产品认证”（China Compulsory Certification，CCC）。它是中国政府为保护消费者人身安全和国家安全、加强产品质量管理、依照法律法规实施的一种产品合格评定制度，通过“统一目录，统一标准、技术法规、合格评定程序，统一认证标志，统一收费标准”的强制性认证管理。

用电设备常检查

家用电器要按照使用说明书进行操作。一旦发现设备接触不良、环境潮湿等问题，及时处理和改善，保证设备安全运转，防止漏电触电事故。

家用电器设备在使用时要进行检查，如检查电线、插座、开关等设备的接触、绝缘状态，对于长时间未使用的家用电器，若存在老化、损坏的情况，及时修理或更换，避免漏电的情况发生。

电线绝缘破损需更换

每一个插座和电路都能安全承载一定量的电流，这就像每条桥梁都能承受一定重量的车辆一样。在一个插座或一条线路上不同时使用多个大功率电器（如电热水壶、微波炉或空调等），否则容易超出其安全承载能力，即超负荷运行。这会导致线路发热，绝缘层破损引发漏电甚至火灾。对于不使用的电器应断开电源，不要让电器设备及电线电缆长期过负荷运行。

不要超负荷运行

用电常识记在心

家用电器插电使用期间应保持干燥，避免使用潮湿的手触摸或使用电器。

“超龄”电器往往绝缘性能达不到安全要求，避免使用超过安全使用年限的电器。

知识链接

中国家用电器协会2020年发布的《家用电器安全使用年限》，包含了常用家庭电器产品的安全使用年限及电器超龄使用的征兆，形成更加合理的家电使用生命周期。

家用电器安全使用年限

常用家电	安全使用年限（年）	超龄征兆
电热水器	8	开关失灵、加热时间长、漏电、保温时间变短……
燃气热水器	6～8	出热水慢且水量小、水质差、水温忽冷忽热……
洗衣机	8	漏水漏电、噪声大、机身发热振动大、转速降低……
冰箱	10～16	制冷效果下降、噪声大、温度不稳定、漏水、容易结霜、串味严重……
空调	8～15	制冷/制热效果下降、噪声大、吹出的风有霉味甚至尘土……
油烟机	8～10	油烟净化效果下降、噪声大、漏电……
燃气灶	8	生锈、变形、易熄火……
电视	8～10	图像质量下降、画面抖动、屏幕色彩变暗、偏色……
微波炉	10	加热不均匀、加热时间变长、噪声大……
洗碗机	8～10	清洗效果下降、漏水、噪声大……
电饭煲	3～5	内胆磨损、漏水、加热不均……
吸尘器	5～8	吸力不足、噪声大、气味难闻……

除冰箱、冷柜等必须保持持续通电的设备外，电器使用完毕或意外停电时应及时切断电源，当家里长期没人时，应切断不必要电源。

使用电器时有电麻感觉、漏电保护器频繁跳闸等异常情况时应及时联系专业人员检查处理。

不要私拉乱接，不随意更改漏电保护器，避免人为产生漏电隐患。

知识小链接

家用电器的外壳与电源之间一般会有很大的电阻或电容，但是并不是100%绝缘。如果电器使用的环境比较潮湿或酸碱腐蚀性气液体、灰尘杂物较多的地方，绝缘部位就会受潮、进水、腐蚀或间接接地，会导致绝缘性变差，形成漏电放电的现象。尤其是在浴室环境下，水分过多，会降低人体的阻抗，使得人体更容易触电。所以特别要注意考虑安装淋浴房或其他隔断物，实现浴室干湿分离，合理放置洗浴用品，并避免使用湿手触碰拔插电器插座。

浴室干湿分离

三、室外防漏电

雨天出行防触电

下雨天出行要尽量远离公共场所的输配电设施，不在紧靠供电线路的高大树木或大型广告牌下停留或避雨，不要触摸电线附近的树木，遇到积水尽量绕行，发现有电线裸露的情况不要靠近，万一电线断落在附近应该单腿跳跃或双腿并拢跳离开，避免跨步电压触电。

知识链接

跨步电压

电气设备发生接地故障时，电流就会从导线的落地点向大地流散，形成一个电势分布区域，在这个分布区行走的人，电流从靠近导线落地点的脚经腿、胯部又到另一只脚，与大地形成通路，其两脚之间的电压差称为“跨步电压”。

人体离接地点的距离决定跨步电压的大小。人站在距离电线落地点 8 ~ 10 米内，就可能发生触电事故。距离越远，跨步电压数值越小。因此，当我们看到线路落地时，不要靠近，及时通知专业人员进行处理。

带电设施不靠近

在户外不要靠近或随意触碰公共场所的带电设备设施，避免触电风险。公共场所的带电设备设施，例如绿化景观灯、广告灯箱、交通信号灯、路灯、变压器、配电箱、环网柜等带电设备设施，一般都在道路旁，高温、湿度、化学腐蚀、阳光直射等环境因素可导致设备绝缘层破损，其他如老鼠磨牙啃食电线、小鸟啄电线等动物侵扰导致绝缘层破坏，因设施管理方未及时维护都有可能引发漏电。此外，雷电、洪水等自然灾害发生时，都可能造成这些带电设备漏电。

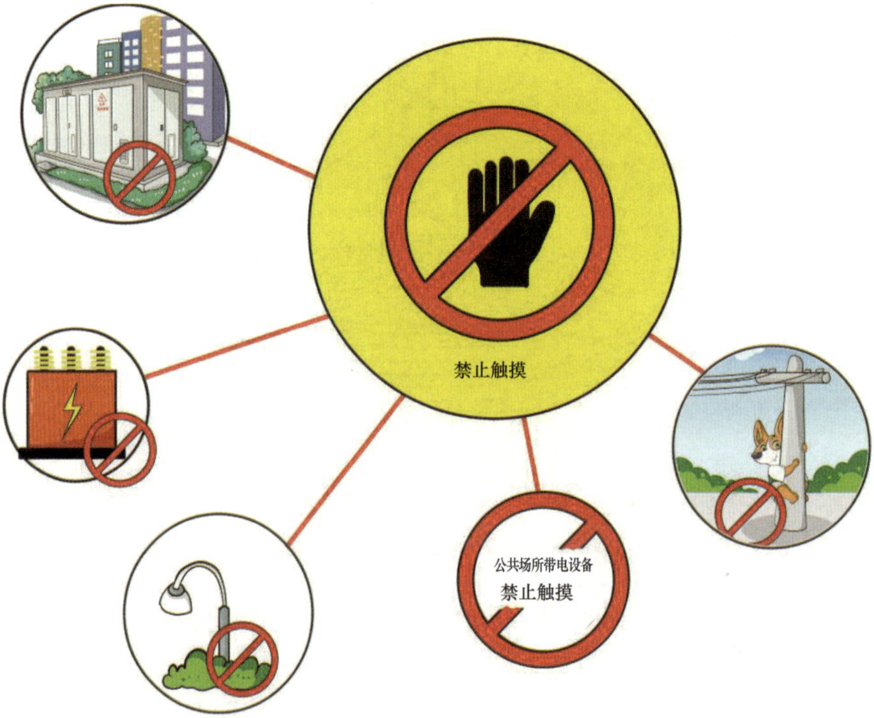

知识链接

电力设施对人体有辐射危害吗?

变电站、电力线路附近不会产生电磁辐射，只会存在极低频电磁场（或叫工频电场），根据国家安全标准，电场强度安全限值是4000伏/米，磁感应强度安全限值是100微特斯拉。通过实测结果证明，变电站、输电线周围居民区电场值检测结果是国家规定限值的几百甚至几千分之一，因此，高压线、变电站周围的电磁场环境不会危害人体健康。

知识链接

带电设备安全距离

根据《电力安全工作规程》规定，工作人员在正常工作中可能活动的最大的空间位置，与带电设备所必须保持的安全距离。

安全距离表

电压等级	安全距离（米）
10千伏及以下	0.35
35千伏	0.6
110千伏	1.5
220千伏	3.0
500千伏及以上	5.0

喷泉观赏防漏电

目前城市内或景区的观赏喷泉主要由喷水池、喷嘴、灯光照明、管道系统、水泵及控制系统设备等组成。当喷泉的供电设备及线路遭受昆虫、老鼠等外力破坏，或是电气设备和供电线路本身老化未及时维护，都可能会引发漏电，严重时危害生命。喷泉管理者要对喷泉做好定期检查、维修并排除安全隐患。在喷泉旁边玩耍时，与喷泉保持一定的安全距离。发现喷泉周围有裸露的电线应及时向有关部门反映，避免发生触电伤害。

喷泉观赏防漏电

输电线路要避开

在日常生活中，我们要尽量远离电力设施，避开电力线路。

不攀爬电线杆

不在电力线路旁钓鱼

踏青、露营、躲雨、放风筝等活动远离电力设施

不私拉乱接电源

知识链接

鸟儿站在电线上为何不会触电？

小鸟由于自身的体积较小，它们落到电线上时，往往只会站在单根电线上，双腿之间没有电压因此也就不会形成一个电流的回路，小鸟自然也就不会触电了。

如果鸟儿同时接触两根电压不同的导线，或者接触一根导线同时触摸地面或其他接地物体，就会形成电流的路径，这时鸟儿就有可能触电哦。

小鸟站在电线上

户外电源要小心

户外移动电源使用之前检查电线线路是否有漏电。

不在潮湿、高温、化学腐蚀、阳光直射等环境下使用移动电源，避免漏电损害。

不私拉乱接电源，不随意改装电路。在安装和维护电气设备时，务必切断电源，防止触电。

四、新能源设施防漏电

分布式光伏发电

我国新能源资源十分丰富，其中太阳能资源更为丰富，全国国土总面积 2/3 以上地区拥有良好的太阳能资源。在国家政策支持下，住宅、工厂、学校等各式建筑物屋顶，以及农村地区地面和水面分布式光伏发电设施安装规模不断扩大。据中国电力企业联合会发布的 2022 年电力行业基本数据显示，2022 年全国新能源新增发电量 2072 亿千瓦·时,其中太阳能光伏发电占主要部分,成为新增发电量的主体。2022 年全国分布式光伏发电累计装机容量达到 157.62 吉瓦，同比增长 46.61%，分布式光伏装机容量增长幅度明显大于集中式光伏发电。规模十分庞大且快速增长的分布式光伏发电设施，安全问题不可忽视。

光伏发电是指利用光伏电池的光生伏特效应，将太阳辐射能直接转换成电能的发电系统。

知识链接

分布式光伏发电

分布式光伏发电是特指在用电户场地附近建设，运行方式以用户自发自用、多余电量上网和全额上网两种方式，所发电能在配电系统就近消纳平衡为特征的光伏发电设施，一般规模较小，容量一般在 30 千瓦及以下，通过三相 380 伏或单相 220 伏电压等级接入电网，如通过 220 伏单相接入时，每个并网接入点容量不宜超过 8 千瓦。

分布式光伏发电实景图

知识链接

集中式光伏发电

一般是指大型地面或水面光伏电站发电系统，与分布式光伏相比，运行方式为全额上网，所发电量全部并入大电网，具有规模大、距离用电负荷中心相对较远的特点，一般以10千伏及以上电压等级并网。

集中式光伏发电实景图

防控光伏发电系统漏电风险

分布式光伏发电系统覆盖区域广大，发展迅猛，具有点多、面广的特点，光伏发电设备与其他用电设备一样，选购、安装和运行过程中，需要防范漏电带来的风险，重点关注下面三个环节。

◎ 选好设备和材料

分布式光伏发电系统建设过程中，应选择具备国家认证的高质量光伏组件等设备和材料。

逆变器：逆变器是光伏发电系统的核心设备，应选择质量优良、具备完备保护功能或措施的逆变器，以保障在实际运行过程中应对各种异常情况。

电线电缆：电线电缆要合理选择与发电容量相匹配的规格和材质，避免过细导致运行时过热或破损。

漏电保护器：根据发电装机容量选择规格合适、质量合格的漏电保护器。

◎ 规范安装保质量

在分布式光伏设备安装过程中，应委托专业的安装人员，规范安装行为，才能保障安装质量。

光伏组件安装：对各种组件要轻拿轻放，严禁踩踏，以免对组件造成机械损伤、组件隐裂，组件边框要确保接地良好，防止漏电等故障和风险。

逆变器安装：逆变器安装过程中必须确保接地线连接可靠紧固，中性线与接地线独立敷设，不得混合使用，避免逆变器接地线安装不牢固，或者错误地将逆变器的中性线与安全防雷地线接在一起，影响泄漏电流检测的精度，导致逆变器判断错误、保护功能失效，引发安全风险。

漏电保护器安装：在并网接入点正确安装漏电保护器，确保发生漏电时快速切断电源，保护人身和设备安全。

◎ 常态维护除隐患

表面清洁除污：组件表面要定期清洁，去除灰尘、水分、污染物等，保持表面干燥，降低漏电风险。

检查破损老化：光照、发热、冷却和膨胀等因素可能引起分布式光伏发电系统电线电缆和设备老化，导致绝缘性能降低、线路或设备漏电。应定期进行检查和检测，发现破损、老化等问题，及时处理和更换。

检查接地连接：检查接地线连接是否存在松动或断线，确保可靠接地。

检查漏电保护器：漏电保护器应定期试验跳闸，一般一个月检查试跳一次，确认保护功能是否正常。

光伏发电设施至少每年应进行一次全面检查，确保所有组件（包括光伏板、逆变器、支架系统等）都处于良好状态。处于尘埃多、树叶多或鸟类活动频繁区域的组件，可能需要更频繁的检查和清洁，比如半年一次或每季度一次。

专业人员检查和维护

电动汽车充电桩防漏电

随着电动汽车的保有量不断增加，电动汽车充电桩成为较为普遍安装使用的电气设备。由专业公司负责日常运行管理的公共集中式充电桩安全管控相对较好。而以个人独立使用为主的分散式充电桩，其充电过程中的漏电是一个需要重点关注的安全问题。

公共集中式充电桩

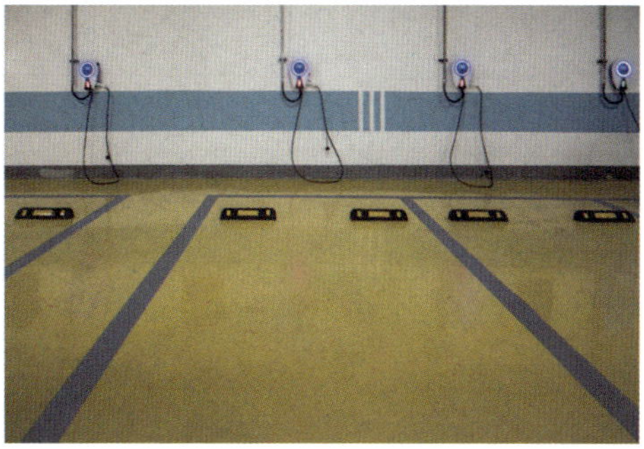

分散式充电桩

知识链接

据中国电动汽车充电基础设施促进联盟发布的数据，截至2022年底，全国充电基础设施累计总量约为520.9万台，其中公共集中式充电桩179.7万台，随车配建的分散式充电桩341.2万台，分散式充电桩占比65.5%。

◎ 充电桩外壳接地要可靠

充电桩外壳和许多部件都是金属材料，在日常运行使用中，充电桩会做好外壳接地，避免因内部元器件绝缘损坏造成外壳漏电，引发人身触电风险。接地线通常采用是铜线或者铝线，接地电阻阻值应在5欧姆以下。

◎ 充电桩防水防污很重要

电气设备怕水怕腐蚀，充电桩安装时应避开地势低洼和可能积水的场所，尽量安装在干燥通风的场所。室外安装使用应做好防水措施，避免雨水渗入充电设备中，引起故障损坏绝缘性能，导致漏电。在沿海地区应考虑防盐雾措施，对充电桩设备外壳、插接件等部件采用三防漆，防止设备腐蚀后导致漏电。

充电桩应做好防水措施

◎ 漏电保护器安装不可少

虽然充电桩在安装和使用过程中，都会采取各种安全保护措施，但长期的日常使用过程中，依然存在各种偶然因素引发的漏电风险，所以漏电保护器必须配置安装，确保突发漏电情况时自动快速切断电源，保护人身和设备安全。

知识链接

直流充电桩和交流充电桩有什么区别

电动汽车直流充电桩俗称“快充”桩，是固定安装在电动汽车外，与交流电网连接，可以为非车载电动汽车动力电池提供直流电源的供电装置。直流充电桩的输入电压采用三相四线交流380伏 ±15%，频率50赫兹，输出为可调直流电，直接为电动汽车的动力电池充电。由于直流充电桩采用三相四线制供电，提供足够的功率，输出的电压和电流调整范围大，能够实现快充的要求。

电动汽车交流充电桩与直流充电桩不一样，需要借助车载充电机来充电，直流快速充电桩不需要这个设备。二者在充电速度上差别较大，一辆纯电动汽车（普通电池容量）完全放电后通过交流充电桩充满需要8个小时，而通过直流快速充电桩仅需要2～3个小时，甚至更短。

电动自行车充电桩防漏电

由于具有灵活便捷，运行和维护成本低等特点，电动自行车已成为城乡居民、外卖小哥、快递员等广大民众出行的重要交通工具。电动自行车可能会因充电不慎，引发火灾等电气事故，造成人身伤害和财产损失，漏电也是其中重要风险。

◎ 私拉飞线充电不可取

在现实生活中，经常有居住在楼房的居民，从楼上家中拉出一根电线，悬挂空中引到地面给电动自行车充电，各楼层住户的晾衣架、遮雨棚、空调室外机等，极易磨破电线，造成漏电甚至电线短路，引发人身触电或火灾事故。为避免事故发生，电动自行车充电应首选在室外空旷安全场所进行，如小区集中充电点等场所，杜绝飞线充电。对于农村自建住宅，可在室外安装固定专用插座，用于电动自行车充电，并在家中安装漏电保护器，防止漏电引发人身伤害事故。

◎ 潮湿环境充电要避免

潮湿环境下，电气材料和设备绝缘性能会下降。充电电源线、插头插座等，长期在潮湿的环境都会有更大的漏电风险。所以电动自行车充电，要尽量避免在潮湿不通风的场所，更不要在房屋楼梯公共通道内充电。